いい獣医さんに出会いたい！

獣医師
西山ゆう子
NISHIYAMA Yuko

ポット出版プラス

はじめに

ずいぶん変な道を歩いてきた

思えば、ずいぶん長い間、動物病院の獣医さんをしてきたと思う。獣医大学を卒業して30年。いろいろな時代に、いろいろな場所で、いろいろなタイプの獣医師をしてきた。東京の山の手の大きな病院から、北海道の田舎の小さな病院。獣医になりたての頃は、まだワクチンも、予防医学も普及していない時代だった。ある日、病院のドアをそうっと開けて、「あの、うちの犬、雑種なんですが、連れてきてもいいですか？　ずっと具合が悪いので」と、遠慮しながら聞いていた男性の顔を、今でも忘れることがない。「動物病院がいつか、誰でも、どんな動物でも自由に入れる時代になれば」と、心の底から熱く思った瞬間だった。

アメリカでは、ホームドクターと専門医がはっきり分かれている制度や院内の分業制に感銘を受け、オープン医療、常に進歩する医療に携わることの大切さを学んだ。院内で、地域社会の中で、獣医師としてどう生きていくか、どう貢献できるか、いつも考えて仕事をしてきたように思う。

女性としても、結婚・子育てと仕事の両立に皆と同じように悩み、苦しみ、答えが出ないまま、今に至っている。臨床獣医師として、盆も正月もなく、週末も返上して急患を診るのは慣れても、夫や子どもにそのぶん、負担をかけている自分に、獣医師なんか辞めたいと、涙したときは数えきれない。それでも辞めずに獣医師を続けてきたのは、やはり私はこの仕事が好きだからなのだと感じている。

ロサンゼルスの都会、アイオワの田舎、様々な人種と文化、宗教の違う飼い主さんと関わり、信頼し合い、心を寄せて、一匹の命を共に治療してきた。そして感じるのは、一匹の命を大切に思うこと、いとおしく思うこと、命に対して尊敬の念を抱くことは、人種や文化を超えた、全世界共通した気持ちなのだと。

北海道、東京、神奈川、大阪。それぞれの土地の言葉、会話の方法が少しずつ違うことを知った。アメリカでは、英語で会話を理解し、飼い主さんが理解できるように治療を説明するのは、短期間に習得できることではなかった。飼い主さんも私も、どちらも英語が母国語ではない場合も多々あった。コミュニケーションは、医療だけではなく、金銭のこと、万が一のリスクがあること、看病の仕方や看取り方、さらには哲学的、宗教的な考えや希望など、誤解がないように話す必要がある。これらを失礼なくきちんと伝えることは、人種、年齢を超えて大変なことだ。

私は動物愛護や動物虐待問題についても、いち獣医師としてライフワークとして関わっている。各地方自治体（動物愛護センターなど）で、殺処分されるペットに心を痛め、不妊去勢手術をまじめに考えようと言い始めたのが30年前。今では、外で飼育されている地域猫（昔はノラ猫と言っていた）問題から、動物保護活動をしている愛護団体やシェルターが直面している課題、さらには、多頭飼育から多頭飼育崩壊に至ってしまう社会問題を通して、NPOから行政、個人の愛護活動家、さらに研究者や教育者まで、様々な立場の人と、日本とアメリカで多く交流している。そしてここでも痛切に感じるのは、話し合うことの大切さである。

飼い主さんと獣医師が誤解のない会話を行なうことができ、そのうえで、しっかりと診断、治療ができ、お互いの心が寄り添い、同じ方向を向くことができたなら。それがすなわち、ペットにとってベストな医療を提供することになると確信している。

獣医師と飼い主さんとの関係は子連れで再婚する夫婦のようなもの

獣医師が、再婚する「夫」であるとしたら、飼い主さんは、ペットという「子」の「母」であると、考えていただきたい。我が子を愛する母が妻として、新しい夫と一緒に生活するのは、一大協力作業であろう。一般には、相手の考え方、経済状態、仕事時間や休日の過ごし方、文化教養レベル、さらには家族背景や出身地など、多くのことが関係する。ある部分は理解し、ある部分は妥協し、そしてお互いを尊重、尊敬して、幸せを模索して、新しい形の家族をつくっていく。それは、簡単にはできないことだ。

獣医師と飼い主の関係も同じであると思っている。ペット（子）の過去の病歴、育った環境、日常生活から癖などを主治医は知る必要がある。また、飼い主さんの経済状態や考え方、日常生活（ずっと家にいるのか、長く仕事で家を空けているのか）など、ライフスタイルを知らないと、治療方針が決まらないことが多々ある。

獣医師と飼い主さんの関係を、私なりに分析してみると、以下のタイプがあるように思う。

A…亭主関白型。獣医師が説明もなく、すべて勝手に決めてしまうタイプ。検査や治療に関するオプション（選択肢）やインフォームドコンセントもなく、「文句があるなら他へ行け」という態度をとる獣医師のこと。特に日本は、医者は神様とあがめ、質問できない、任せっきりという考えが未だにあり、獣医師に黙って従う飼い主さんを見ることがある。

B…かかあ天下型。飼い主の主張が強く、獣医師がそれに従ってしまうタイプ。「検査なんか必要ないから。いつもと同じだから。あの薬が効くから、薬だけ頂戴」というタイプの飼い主さんである。飼育経験が長かったり、多頭飼育している飼い主さんに、時々みられるタイプである。それに対して、獣医師もプロとしての意見を示すことなく、すごすごと従ってしまっている場合である。

C…家庭内離婚型。いわゆる熟年夫婦で、ケンカもしないけれど、会話もない。例えば、再発性の口内炎の猫を連れてきては、「先生、またいつもの注射打って」と言い、獣医師は、はいはいと一本打つだけ。たまに再検査したり、違う治療を試みることさえなく、ひどい場合はお互いに会うこともなく、治療が終わる。信頼関係ができあがって、いい関係ではあると思うが、慣れ過ぎて、誤診や重篤な疾患へ発展する可能性があり、危険である。

D…新婚型。お互いに遠慮して、質問をあまりしないで、とりあえずやってみるタイプ。獣医師に「この検査をして、この薬を出しましょう」と言われた飼い主は、「合計いくらになるのかな。ここで料金を聞くと、嫌な飼い主って思われるかな」「他にどんなオプションがあるのかと聞くのは、失礼かしら」と心の中で思いながら、実際に聞けないで帰ってきてしまう。獣医師も「いくらくらいになりますが、いいですか」と聞かない。双方が心を寄せて、ペットにとってベストな治療をするためには、遠慮せずオープンに心を開いて話し合わなくてはならない。

E…友達夫婦型。夫婦でありながら友達のように、気軽に話して、何でも打ちあけて、悩みも相談する。獣医師と飼い主がそんなふうに話し合えるようになるには、何度も診察、通院をして、双方が努力しなければならない。

獣医師と飼い主が、友達夫婦のような関係になることが理想だと私は感じている。

日本の動物病院の分類

大きく分けて、一般のホームドクター、すなわち町で開業をしている一般病院と、ある専門を中心に行なっている専門病院の二つがある。大学病院は、一般病院からの紹介がほとんどなので、専門病院の一つと考えられている。

一般の動物病院のことを、私たち獣医師は「一次診療」と呼び、専門病院のことを、「二次診療」と呼んでいる。その中間型も存在している。専門病院には、皮膚科や眼科といった専門分野の他にも、夜間も獣医師が複数人待機し、診療受付している救急病院がある。特殊化した病院は、一般の猫だけ、地域猫（ノラ猫）だけ、鳥やエキゾチック動物のみを診るなど、様々なものがある。紹介診療が中心なのが二次診療と呼ばれているが、日本は、二次診療と、特殊化した病院を、広義で専門病院と呼ぶ傾向がある。

いい動物病院、いい獣医師をどうやって選ぶか

日本の場合、私は大きく、二つの動物病院を選ぶことをお勧めしたい。

一つは、一次診療を行なっている動物病院。ここは、通常予防接種や定期検診のために来院し、病気やケガをしたときも迅速に連れていく病院となる。それゆえ、なるべく近い場所が望ましい。自分のペットが天寿を全うするまで、看取ってもらう病院と考えると、暑い日、寒い日も通院しやすく、また足腰が弱ったときもできるだけ負担なく通える病院がいい。

いわゆるホームドクターとして、主治医になってもらうわけである。自分のペットのことを普段から熟知してもらうためには、獣医師が多すぎない病院のほうが望ましい。一人の先生が常在しているのが理想だが、休みの日や学会で欠席のときもあるので、できれば2～3人の勤務医師が自分のペットのことを知り、親しんでくれているのがよいのではと思う。獣医師側からすると、病気になったペットをいきなり診るよりも、ワクチンや定期検診でいつも親しんでいるペットのほうが、断然診察しやすいし、より正確に診断治療できると感じている。動物だけではなく、飼い主さんの普段のライフスタイルから家族構成、在宅している時間やお金のことなどを、ある程度把握していると、いざ病気、入院となったときでも、信頼関係があるのでスムーズに行なうことができるからである。

飼い主さん側としては、その他にもいろいろな面をチェックしてほしい。まずそこの院長や勤務獣医師との相性。院内の雰囲気や清潔さ。病院の匂い。それから、自分のペットと先生やスタッフとの相性がいいか、悪いかも大きいだろう。いくらいい先生でも、肝心のペットがその獣医師を毛嫌いしていては、どうしようもない。料金や診察時間。あるいは、駐車場の広さやアクセスの仕方など様々なことが利点、欠点となる。ただ、どんな夫婦でも初めから理想のパートナーにはなれなくて、どこかで何かを妥協しなくてはならない部分がある。同様に、どれを優先するか、その人によって異なるだろう。

もう一つの病院は、何かあったときの救急病院である。おそらく普通の飼い主さんが、一生に一度経験するかどうかの緊急事態に備える病院だ。交通事故、毒物や異物の摂取、朝まで待てないような重篤な内科疾患（ひどい嘔吐、下痢など）、犬どうしのケンカによるひどい外傷など。滅多に起こらないとはいえ、近くの病院が閉まっているときに、連れていける救急病院を把握しておいてほしい。

気をつけなくてはいけないのは、この救急病院が、「夜中も受け付けます」という一次病院ではなく、本当に救急の処置ができる設備を備えていること。救急ケースのトレーニングを受けた獣医師が常在して、処置にしろ、手術にしろ、命を救うために迅速に行なうことができる病院のことである。夜中に受け付けても、設備がなくスタッフもいなければ、救急ケースは対応できないからである。

そういう救急病院がどこにあるかを、かかりつけの主治医にあらかじめ聞いて場所を把握し、車のない人は、ペットタクシーの電話番号と一緒に、いつでも連絡できるようにしておいてほしい。

だからこそ、一次診療（かかりつけの病院）の主治医を選ぶ基準は、病院の設備や最新医療機器、高いレベルの専門医療よりは、人なのだ。専門医が必要なときは、きちんと紹介してくれるはずなので、設備の充実ももちろん大切だけれど、人間（獣医師）を重点に考えてほしい。毎回、若いインターンに入れ替わり診てもらうよりも、自分のペットを熟知した獣医師に何でも相談するほうが、どれだけお互いのためになるか。

いっぽう、万が一の救急時にかかる病院。主治医の病院が閉まっていて、どうしても待てない場合に利用するので、これは多少遠くても仕方ない。ここは人というソフトではなく、設備が充実しているかどうかというハード面に、重点を置きたい。

つまり、いい獣医さん探しというのは、二種類存在することになる。一つは近所のホームドクターであり、獣医師の腕と便宜と相性と、さらには人間というソフトが優れている獣医さん、ということになる。もう一つは、緊急時に利用する、設備が整い、時間外でも急患を受け付けてくれる動物病院。こちらは設備というハードが中心なので、人と同時に施設の充実度を重視することになる。

いい獣医さんは、その人、その犬、その猫によって異なるだろう。インターネットで検索するもよし。口コミもよし。信頼できる人からの紹介もいい。けれど、人が出会って結婚、再婚し、さらに努力してよい関係を築き育てて、初めていい夫婦関係ができるのと同じように、いい獣医さんとのいい関係は、初診時に出来上がるものではない。

まずは診察室で「お見合い」をしていただきたい。初めて会う獣医さんに、いろんな質問をして、どんな感じか、好きか嫌いか、今後つき合っていけそうか、自分の動物を、信頼して任せられるか、判定していただきたい。そこから、お互いにコミュニケーションをとりながら、いい関係を築きあげてほしい。獣医師は、あなたのこと、あなたの動物のことを学び、そして動物にとってベストな医療を提供できるようになる。いい獣医師は、そこに初めからいるわけではない。いい獣医師は、あなたがつくるものなのだ。

もくじ

第2章 診察室での会話のトレンド

第1章

飼い主と獣医師のQ&A

質問1　初診

初めて受診するとき獣医師に何を、どこまで話すべき？

まず、最初に伝えてほしいのは
「すごく怖がりです」
「この子、噛むことがあります」といった性格のこと。
それから不妊去勢手術の有無やワクチン歴など
重要な情報はたくさんあります。
私の場合、診断に必要な情報の75％は飼い主から得て
あとの25％が検査です。

診察が終わったあとに、「あら、先生じょうずね。前の獣医さんのときは、よく噛んでたのよ」とおっしゃる飼い主さんがいるのですが、「今、言わないで～！」って思います（笑）。噛む以外にも、手先を触ると怒るとか、ビビリだとか、そういったことを最初に伝えてもらえると、こちらも注意して診察できますし、動物へのストレスも軽減できます。

問診票に必要な情報を書いてもらう動物病院もあると思いますが、ここでは私が初診で聞いている項目を挙げておきます。

・年齢（保護動物など正確な年齢がわからない場合は、おおよその年齢を）
・不妊去勢手術の有無
・ワクチン歴（特に1歳になる前の接種歴と、ワクチンの種類）
・ワクチンやその他に対するアレルギーの有無
・今かかっている病気
・既往症、病歴
・引っ越し歴
・食事の内容
・庭で飼っているのか、室内か
・他に飼っている動物の有無
・よくドッグランに行くかどうか
・海、山、川などよく遊びに行く場所
・ホテル、トリミングサロン、ドッグカフェなどに定期的に行くかどうか

引っ越し歴について知りたい理由は、住んでいた場所によって考えなければいけない病気があるからです。

ここで挙げた項目の中には、獣医師から質問されないものもあるでしょう。その場合は看護師にメモした紙を渡しておくといいと思います。

質問2 初診

いっぱい質問をしたら先生にいやな顔をされた。いい質問の仕方はありますか？

診察の前に

「聞きたいことが5つあるのですがお時間何分くらいいただけますか？」と

聞くのがいいと思います。

患者さんがたくさんいたり、手術がいくつも控えていたり、獣医師にも時間のないときがあります。そんなときに延々と質問されると、正直「まいるなあ……」と思うこともあります。

でも、いやな顔をされる飼い主さんも気分が悪いですよね。お互いが気持ちよく接するには、事前に「何分くらいお時間をいただけますか？」と聞くのがお勧めです。

獣医師側は自分の状況に合わせて、「できれば10分くらいにおさめていただければ」と答えられるので助かります。飼い主さんはその時間に応じて、手短かに質問したり、次回ゆっくりと聞くということもできます。

ここで私がお勧めしたいのは、獣医師ではなく看護師に聞くという方法です。経験も知識も豊富な看護師がたくさんいます。薬の値段などは、獣医師よりも看護師のほうが詳しいことが多いですし、食事やシャンプー、日常生活の注意点など、何でも知っています。

飼い主さんが「看護師さんから答えていただけることがありましたら、それでも結構ですが……」と言ってくれると、獣医師は時間的にラクになるので、ありがたいはず。看護師も聞かれてわからないことは、「先生に確認してからご連絡します」と答えるので、気軽に何でも聞いてみてください。

私は、動物病院で一緒に仕事をする看護師を、よきパートナーとして信頼していますし、もっと自信をもってほしいと思っています。彼女・彼たちは、動物の知識と愛情をもったプロですから。

質問3　初診

注射のとき犬が大暴れしました。先生が下手なのかな？

下手とも言えません。
犬にも機嫌の悪い日もあれば
相性の悪い獣医師もいるでしょう。
もし、脚を触られるのが嫌いなどがあれば
事前に獣医師に教えてください。
前の先生がうまくやっていた方法があるのなら
それを今の先生に伝えてください。

初診のときは、私たちが決して触るべきではない、犬にとっての「立ち入り禁止区域」があるかどうか、わかりません。触られるのを極端にいやがる部分をもつ犬は、けっこういます。

もし、犬がいやがる部位があれば、事前に伝え、「注射は背中じゃなくて、お尻に」などリクエストしましょう。狂犬病や混合ワクチンの注射も、必ずしも決まった場所に打つ必要はありません。

噛もうとしたり、唸ったりする犬の場合、飼い主さんに前に立ってもらい、看護師が首を押さえ、私がお尻に注射する方法をよくとっています。採血する場所は、前脚、後ろ脚、首などがあり、どこから採血するかは、犬の性格と押さえやすさを考慮して決めます。カラーをつける場合もあります。

ただ、これまで誰も触らなかった部位への注射を「大丈夫そう」だと判断し、あえて試すこともあります。私たちもプロですから、状況で判断します。

飼い主さんにケガをさせないようにすることも獣医師の務めです。いやなことをされるのですから、どんなにいい子でも、思わず飼い主を噛んでしまうことがあります。

飼い主さんに診察室から出てもらう場合もあります。飼い主と一緒にいるときは気が大きくても、飼い主がいなくなるとおとなしくなって、簡単に注射できるというケースもあります。反対に、飼い主がいなくなった途端に、キャンキャン鳴いたり、凶暴になる犬もいます。

本当にケースバイケースなので、犬の様子を見極めて判断しますが、診察室には犬だけ、という方針の病院であっても、「一緒にいたほうが犬が落ち着く」などがあれば、遠慮しないでリクエストしましょう。

質問4 初診

診察室で犬猫に赤ちゃん言葉で話す飼い主はバカっぽく見えますか？

私は全然平気。

いつも通りで大丈夫です。

それよりも、こちらの質問に

ちゃんと答えてくれない飼い主さんは困ります。

もし、わからないなら

「わからない」と答えてほしい。

獣医師のなかにも注射をするときに、「チックンだよ。我慢してね」と言う人もいますしね（笑）。赤ちゃん言葉は気にしなくていいと思います。

私が困るのは、質問にしっかりと答えてくれない飼い主さんです。日本人はイエス・ノーをはっきり言わない傾向がありますね。例えば、「水をよく飲むようになりましたか？」と聞くと、「うーん、散歩から帰ってきたときは、よく飲んでるかな。でも、そうでもないかな。えーと……、そんな感じですかね」って。イエスなの？　ノーなの？　どっちなの？って思います（笑）。

もし、飼い主が「最近、よく水を飲んでます」と答えたら、私の次の質問は、「どのくらい飲んでいますか？」です。すると「どのくらいって……。前よりは……、いやでも……」とはっきりしない。「いつも飲んでいた量に比べて、2倍3倍飲んでいますか？　そこまではいかないですか？　だいたいの感覚でいいんですけど」と聞くと、「朝このくらいのカップに水を入れて、夕方にはこのくらい減ってて……」と、答えになっていない答えが返ってきたりします。

わからなければ、「よくわからないです」とか、「気にしたことがないです」とか、答えてくれていいんです。わからないからといって、愛情が足りないなんて思いません。最初から優秀な飼い主でなくていいんです。正直に答えてくれるのが一番です。

質問5
初診

まったく触診しない先生に、ちゃんと触って診てくださいと言いたいけど、なかなか言えない。

真正面からリクエストするよりも奥の手を使うほうがいいかもしれません。

「足腰は弱っていませんか？」「歯石はついていますか？」「時々、軽い咳をするのですが」と聞いてみてください。

きっと触ったり、聴いたりしてくれますよ。

動物の体を触って診察することは、獣医師の基本だと私は思うので、違う医師を探すという選択もありだと思います。

でも家の近くにはこの病院しかないなど、他の病院を探すのが難しい飼い主さんもいるでしょう。その場合は、その医師と長いおつき合いをしていくことになりますから、いい関係を結べるようにしたいですね。

とはいえ、「先生、触診してください」「どうして触診しないのですか？」などと、真正面から切り出すのは飼い主さんも言いにくいでしょうし、気を悪くする医師もいると思います。いやなムードにもならないように、医師が自分から触診するような質問をするといいでしょう。

例えば、「最近、目が白っぽく見えるのですが、どうでしょうか？」「前よりもハアハアいうようになったのですが、何か病気でしょうか？」、「おなかが張っているみたいなんですが、どうですか？」「耳はどうですか？」「歯はどうですか？」といった具合に聞いていけば、一つずつ診てくれるはずです。

そして診察が終わったら、「先生が丁寧に診てくださったので安心しました。ありがとうございます」と、お礼を言えば、獣医師だって悪い気はしません。少なくとも「この飼い主さんは、ちゃんと触診してほしいんだな」と気づくと思います。

質問6　初診

診察を終え、会計で金額を聞いてびっくり！
事前に金額を教えてもらえないの？

どこの病院でも
事前にいくらくらいかかるのか
聞けば教えてくれます。
事前に料金を聞くのは
決して失礼なことではありません。
獣医師だけではなく、受付や看護師に
聞いてもらってもかまいません。

金額を聞きにくいというのは、日本人に多い感覚かもしれませんね。アメリカ人ははっきり聞きますし、こちらもあとから問題にならないように、「今日は何ドルくらいかかるけど、ちゃんとした見積書を作りましょうか？」と聞くことが多いです。

「見積書を作成します」と言うと、「そんなものもらわなくても、払うわよ」と気分を害す人もいるので、だいたいの金額を伝えて口頭で了解を得るだけの場合もあれば、見積書を作ってサインをしてもらう場合もあります。

アメリカでの獣医師生活が長かったせいか、私は金額を聞かれたほうが安心します。ただ、あまりにも細かく質問され、少しでも高ければ他で薬を買おうとしているのがあからさまだったりすると、面倒だなと思います。しかし、一般的に、事前に値段を聞かれるのは、むしろ歓迎です。

フィラリア予防薬や混合ワクチン、ドッグフードなどの値段は、医師よりも看護師のほうがよく覚えていますから、診察を待つ間に聞いておくといいと思います。クレジットカードが使えない病院だと現金の準備が必要でしょうから、来院前に電話で聞いてもいいでしょう。

日本の動物病院のホームページには料金が掲載されていないことが多いのですが、それは動物病院の広告を規制している法律のためです。治療代、手術代、入院費などは、後日状況が変わることもありますが、飼い主さんから求められれば、どこの動物病院でも予想される金額を見積もってくれるはずです。

質問7　初診

獣医師にとって困る飼い主ってどんな人ですか？

一般的に言えるのは
予約の時間を守らない
代理人をよこす
家族大勢で来る、ですかね。

毎回、予約時間に20分、30分、遅れてくる人は困ります。獣医師にも他の患者さんにも迷惑がかかります。私たちも、待たせないように努力しているのですよ（笑）。

また、病院には、家での生活を知っている飼い主さんに来てもらいたいですね。ふだんよく面倒を見ていない代理人が来られると、会話が成り立たないのです。例えば、旦那さんが犬を連れてきて「最近食欲がなくて……」と言う。「どんなふうに？」と聞いても、「いやちょっとよくわかんないんですけど、家内が言ったので……、あ、じゃあ電話して聞いてみます」と、奥さんに電話を始める。「食べたり食べなかったりするみたいだと言ってます」。私は次に、「いつも何を食べている？」「食に興味はあるけど食べられない？　それとも食欲がない感じ？」「ドッグフードのブランドを変えた？」と質問を続けたいので、こういう場合、正直、困ってしまいます。

以前、20歳代の娘さんが、「犬のワクチンを」と、やってきたことがありました。「狂犬病のワクチンでいいの？」と聞くと、「はい」とうなずくので、狂犬病のワクチンを打ったところ、あとからお母さんが怒って電話をかけてきました。打ちたかったのは混合ワクチンだったのです。「先生、いったい何やってるの！」と私が怒られました。医療は取り返しのつかないこともありますから、しっかりと家庭内で連絡、確認をしてほしいです。

あと困るのは、大勢の家族でやってきて、診察室がギューギュー詰めになること。しかもこちらの「どのくらいかゆがっていますか？」の問いに、「かなりかいてます」「いやそうでもないでしょ」「お母さんは見ていないからだよ」といった具合に、家族の中で延々と意見交換されること。すぐに終わればいいんですけどね。

質問8 予防

アメリカでは犬の混合ワクチンの接種が3年に1回でいいと聞きましたが本当ですか？

アメリカでは
犬の年齢、暮らしている場所
ライフスタイルなどによって
いつ打つのか、何種を打つのかを
飼い主さんと獣医師が相談して決めます。
日本もワクチンをカスタマイズする時代が
来ていると思います。

日本の場合、混合ワクチンは毎年必ず接種するものと思っている人が多いようですが、世界的に、犬、猫のワクチンの打ちすぎについて懸念されるようになってきました。過去のワクチン歴や犬のライフスタイル、生活環境、年齢やブリード（犬種）によって、接種する間隔を個別に決めるようになってきています。アメリカでは「ワクチン接種について相談する時期ですよ」というお知らせを飼い主に出して、今年は何を打つか、あるいは打たないかを相談する病院が増えています。

例えば、幼齢のときに、2～3回接種して、1歳から7歳くらいまで毎年接種していた場合、その後は毎年接種していなくても、ある程度免疫が持続しています。その犬があまり外に出ないライフスタイルなら、7歳以降は2～3年に1回の接種にして、12歳を過ぎたらもう接種しないという判断をするかもしれません。山や川、ドッグランによく遊びにいく犬だったら、7歳を過ぎても「もうしばらくは毎年接種しましょう」と勧める場合もあります。ワクチン接種の代わりに、血液検査でワクチンの抗体価を調べることもできます。

またペットホテルなど、毎年ワクチン接種をしていないと預かってくれない場所もありますし、その土地での流行や病気の発生頻度も異なります。

このようにワクチン接種は、犬のライフスタイル、過去のワクチン接種歴、副作用のあるなしなどを総合的に判断して決めるものです。パルボウイルス性腸炎も、ジステンパーも、まだ時々発生しています。これらの伝染病を決して侮ってはいけません。

そろそろ日本も画一的な接種ではなく、自分の犬に合わせてワクチン接種をカスタマイズしていくときが来ていると思います。

質問9

予防

今まで5種だった混合ワクチンを7種がいいと勧められました。従うべき?

黙って獣医師に従うのでなく
なぜ7種にしたほうがいいのか
理由を聞いて
そのうえで判断しましょう。

７種混合ワクチンは、５種にレプトスピラ症という感染症を防ぐためのワクチンをプラスしたものです。レプトスピラ症は、ネズミなどの尿から病原体が排出され、川や池、田んぼなどの水を介して感染することが多い病気です。人にもうつる病気で、犬に発症したら、農水省に届けを出さなくてはなりません。

まずは、獣医師が７種を勧める理由を聞くといいと思います。

「最近、この周辺でレプトスピラ症にかかった犬がいるから、予防しておいたほうがいい」という答えが返ってくるかもしれないし、「あなた、さっき、川によく遊びに連れていくって言ってたでしょ。だから７種のほうがいいですよ」と言われるかもしれません。あるいは、発生はないけれども、念のために、ということかもしれません。

前ページでも述べたように、これからはワクチンをカスタマイズしていく時代。「これまでずっと５種だから、今年も同じでいいわ」ではなく、獣医師と相談して決めていきたいですね。そのためには、これまで何種を打ったのか把握して、その地域での病気の発生状況を獣医師とよく相談してから、決定しましょう。

ところで、狂犬病ワクチンはまったく別の話です。狂犬病予防法で、すべての犬に接種が義務づけられています。狂犬病ワクチンは不活化ワクチンで、５種混合のような生ワクチンではないので、副作用の発生率も低くなっています。

狂犬病ワクチンについては、自治体から接種のお知らせが届くと思いますが、混合ワクチンは任意接種です。獣医師任せにしないで、よく相談して、自分でも把握してください。

質問10 予防

猫にもワクチンの接種を勧められました。室内飼いで外には出さないのに必要ですか？

室内飼いでもワクチン接種は大切です。
猫に多い鼻気管炎（猫の鼻風邪）などの伝染病にワクチン接種は有効です。
ただ、それまでの接種歴や年齢などによって毎年接種する必要がない場合もあります。

犬のように散歩をさせることはないですし、狂犬病のように、法律で接種が義務づけられているものもないので、猫にワクチンを打つというイメージは湧きにくいかもしれませんね。

ただ、猫の場合、風邪などの空気感染する伝染病にかかりやすいので、やはりワクチンは接種したほうがいいと思います。

猫で心配なのは、院内感染です。ワクチンは小さい頃に打ったきり。7～8歳になって、下痢をしたので病院に行ったら、下痢は治ったけれど、よその猫から風邪をもらってしまうということがあります。こわい例としては老猫になり、慢性の腎臓疾患などで、定期的な通院が必要になったときに、風邪をうつされ重症化すると命に関わることがあります。病院では私たちも最大限に院内感染防止に努めていますが、１００％予防することはできません。

こうしたケースに備えて、子猫のときと若いときは毎年、その後は2～3年に1回のペースで定期的に接種し、10歳をすぎて免疫がしっかりついたらスローダウンする、という方法を私はお勧めしています。もっとも、外に出る猫や餌をやっている地域猫（ノラ猫）などの場合は、話は別です。

猫も、犬と同じように、ワクチンはライフスタイルによってカスタマイズするもの。ペットホテルによく泊まる機会があるか。家の中だけで毎日過ごすのか。時々、保護猫を預かっているのか。これまでのワクチン歴によっても、接種のタイミングは変わってきます。

もしワクチンを打たないとしても、定期検診は非常に大切です。肥満などの生活習慣病は、犬より猫のほうがかかりやすいですし、それが大きな病気に関係します。早めにわかれば予防できる病気も多いので、ぜひ猫にも健康診断を受けさせてください。

質問11 予防

フィラリアの薬やフロントラインはネットで安く買えるので、病院でもらう必要はない？

薬の長所、短所は何か。
副作用や安全性はどうか。
私たち獣医師は、それらの知識をもとに
あなたの犬にベストなものを選んでいます。
ネットで買う場合は
それを飼い主さんご自身が勉強し
考えなくてはなりません。

フィラリア予防薬やノミ・マダニ駆除薬には様々な種類があります。その土地でのノミ、マダニの発生頻度も違いますし、その年により、発生が早かったり、遅かったりします。また、虫のほうがその薬剤に耐性ができてきて、少しずつ効果がなくなることも起こっています。

たくさんある薬の中から状況に合わせたものを選べる確信があって、ネットで買えるのなら、それでもいいと思います。大切なのは、犬猫と飼い主さんのライフスタイル、その年の気候や流行を総合的に考慮することが、できるかどうか、です。

例えば、「液体タイプの薬を使っているのだけど、つけたあと3日間シャンプーできないのが不便」とか、「10分くらい口を押さえていないと薬を飲み込まない」とか、「赤ちゃんが犬を触るようになったのだけど液体タイプのままでいいのか」など、困っていることや心配ごとがあったら、獣医師に遠慮せず相談してください。

草がたくさん生い茂っている所によく散歩に行く犬と、家からほとんど出ない犬とでは、マダニがつくリスクが違います。1匹でもマダニに感染したら、マダニが媒介する病気が犬、猫に感染するばかりか、そこから人間に伝染することもあります。

こうしたことも含めて、獣医師側は病院にストックされている薬だけを勧めるのではなく、様々なタイプの薬の中から選んでいけるようになってほしいですね。

アメリカの場合は、獣医師が処方箋を書いて、どこで買うかは飼い主が決めるので、ある意味ラクです。ただ、処方箋料を平均20ドルくらい請求します。

質問12

病気・ケガ

病気になってから病院を探すのでは遅い？
狂犬病ワクチンは自治体で受けています。

重い病気や重症になっている状態で
初診に来られるよりも
何度か診ているほうがよい診断ができます。
まずは、ワクチン接種など
健康な状態でかかっておくことを
お勧めします。

３日間何も食べられないとか、ずっと吐いているという状態で、初めての病院に行くのではなく、ワクチン接種などで普段の様子を獣医師に知っておいてもらったほうがいいですね。

具合が悪くなっている今の状態と、その子の健康な状態を比較して診られたほうが、診断・治療がしやすいですし、飼い主さんの考え方やライフスタイル（日中は仕事をしていて犬だけが留守番しているとか、よく仕事で出張をするだとか）を知ることも獣医師にとって大切です。

飼い主さんがすごく長時間の仕事をされているとか、おばあちゃんの介護をされているとかだと、自宅で治療できることが限られるかもしれません。

また、「お金はかかってもいいから、しっかり検査をしたい」と望むのか、「前に飼っていた動物が検査のストレスでまいってしまったので、検査は最低限にしたい」と思っているのかなど、一緒に相談して決めたいです。

病気の治療は、何より、飼い主さんとの間に、信頼関係が培われている状態で、獣医師と飼い主が協力して行うものだと思います。

アレルギーの持病を診てもらうために病院を探すとか、目薬をもらうなど簡単なものなら、初診であっても問題はありません。不妊去勢手術も初診で大丈夫です。初診時は特に詳しく動物を診察し、飼い主さんとお話しすることが大切だと感じています。重い病気や重症になっている状態よりも平常時のほうが、お互いに気持ちに余裕をもってお話しできると思うのです。

飼い主さん側も、動物が健康なときのほうが病院の清潔度やうるささ、獣医師との相性なども落ち着いて見られると思います。

質問13

病気・ケガ

どうしても病院に連れていけないとき動画を送って診てもらうのはダメですか？

飼い主さんの
必死な気持ちはわかるのですが
獣医師法に、直接診なければ
診断、治療してはいけないと
定められているので診察できません。

「診断」と聞くと、「○○症です」とか、「○○肺炎ですね」と病名を言われることを想像されると思いますが、「診断がつかない」という場合も、診断になります。「もう少し様子をみて大丈夫でしょう」というのも、診断に相当する判定になります。

獣医師法に抵触するという理由だけでなく、実際、動画を見て診断するのは非常に難しいものです。診察する際には、問題が起きている部位だけではなく、動物全体を診て判断します。動物を触り、細部をチェックし、脱水状態、痛み、精神状態、心音、肺音、腹部や筋肉の状態、肛門や陰部の異常を確認します。動物のにおいなども、判定基準となります。

また、問題が起こるまでの過程を飼い主さんに詳しく聞くことも欠かせません。私は、診察室で飼い主さんと話している間の動物の状態もそっと観察します。ぐったりしているのか、緊張しているのか、辛そうにしているのか。その後、「レントゲンを撮ってみましょう」「血液検査をしてみましょう」と、検査項目を選び、診断をします。

こうした理由から動画での診断はできないのですが、コンサルティングという方法もあり、それは違法ではありません。コンサルティングは診断ではなく、あくまで相談にのることですから、獣医師でなくてもできます。

話は少しそれますが、「耳の調子がまた悪くなったから、いつもの薬をください」という場合は、動物を診なくても薬を出せる場合があります。ただし、これも関連の法律で、様々な制約が設けられていて、時間が経っている場合は、出せないことがあります。例えば、「2年前にもらった薬がよく効いたから同じのをください」と言われても、直接動物を診ないと薬は出せない決まりです。

質問14
病気・ケガ

「手術する方法もあるが治らないこともある」と先生に言われ、判断に困っています。

「手術して治る確率は何割ですか？」

「失敗するリスクは何割くらいの確率で起こりますか？」など数字を聞くのが一つの方法です。

「先生の犬だったらどうしますか？」という聞き方もあるでしょう。

例えば、麻酔をかけて歯を抜かないといけない場合。飼い主から「麻酔のリスクってどうなんですか？　もう10歳だけど大丈夫？」と聞かれたとき、アメリカの獣医師は、「私の考えでは、おそらく10％くらいの確率で、麻酔による合併症が起こるでしょう」という答え方をします。「少し」「まあ」といった表現ではなく、数字を求められますから。

それに比べて日本の獣医師は「リスクは、なくはないですね」といったような曖昧な表現が多い印象があります。麻酔のリスクを聞くのであれば、「先生のご経験では、10頭のうち何頭が死にますか？」と聞いて、数字で答えてもらうのが一つの方法です。

また、脳に症状が出ているが原因がわからないなど難しいケースの場合もあります。例えば、詳しく調べるには、大きな病院に行って、麻酔をかけMRIで画像を撮る必要がある。麻酔のリスクは5％。「特殊なステロイドを使えば、30％くらいの確率で治せるかもしれないが、麻酔をかけることで症状が悪化する可能性もある」と獣医師から説明されたとします。そう言われても、どうするのがいいか判断に迷いますよね。そんなとき、「先生の犬だったら、やりますか？　やめますか？」と聞いて、獣医師の答えを参考意見の一つとしてとらえて、判断するのもよい方法だと思います。

私たち獣医師は、なるべく科学的な選択肢を伝え、自分の意見を言うのを避けたいと思っています。「手術はしないほうがいいのではないですか」と、自分の意見を言うと、あとで、「先生はするなと言った。だから治らなくて死んだ」と、誤解されるのが怖いのです。それゆえ、「先生の、自分の犬ならどうしますか」という質問は、あくまで個人の意見を聞いていることなので、本音を言いやすくなります。

質問15

病気・ケガ

動物病院にしか売っていない高い療法食を勧められました。金額が高くて悩むのですが。

どのくらいの期間
療法食が必要なのか
他に方法はないのかなどを聞き
正直な希望を獣医師に伝えましょう。
無理をして始めても
指示通りに続けないと療法食をやっている
意味がなくなってしまいます。

療法食を勧められたということは、肝臓の数値が標準より高いとか、尿道結石ができたとか、何かしらの病気、あるいは病気を誘引する要因があるはずです。病気の治療には、手術で治す、薬で治す、運動で治すなどいろいろありますが、その一つとして、食事療法がある、ということです。

なかには療法食を使わなくても、治療・維持できる病気もあります。

例えば、肥満。カロリーが低くて満腹感が得られる療法食がありますが、療法食を用いなくても、カロリー制限で減量することもできます。もし、「できるだけ普通食にしたい」とか、「将来的には普通食に戻したい」といった希望があるのなら、獣医師に伝えましょう。

次に、長期的なプランが大切です。療法食を食べていればそれでＯＫではなく、１カ月なり２カ月なり続けてみて、効果が出ているのか、再診しないといけません。

なかには長期間食べ続けることで他の臓器に負担のかかる療法食もあります。また、どうしても軟便になる、どうしても便が固くなる、あるいは、どうしても味が好きではなく食べ付きが悪い、という犬猫もいます。

その他、療法食で気をつけてほしいのは、絶対に他のものを混ぜたりしないこと。

「先生にこれがいいって言われたから、何とかして食べさせなきゃ」と思って、こそっと何か混ぜてしまう飼い主さんがいるのですが、それでは療法食の本来の治療効果が発揮できません。食べないなら「頑張ったけど、食べません」と正直に言ってください。他の方法を一緒に考えましょう。

質問16　病気・ケガ

お金もかかるし、あまり検査をしたくありません。獣医さんには愛情が少ない飼い主にみえるのかな？

愛情が少ないなんて
私はまったく思いません。
経済的な理由も含めて
どのように治療していくのか
飼い主さんと一緒に考えさせてください。
検査も、高額なものから
ごく少額のものまで、幅広くあります。

まず、検査費用について心配があるのなら、予算があまりないことを伝えましょう。

検査にも簡易的な検査から、平均的な検査、贅沢な検査までいろいろあります。検査をいくつするかによっても、費用が変わってきますから、「今の段階では最低限必要な検査のみにしてほしい」と伝えれば、その希望に沿ってくれるはずです。複数の検査を一度に行なわず、継続的に様子を見るのも、一つのアプローチ法ですから。

なかには「仕事があって休めないので、お金はかかってもいいから、1日でパパッとやってください」と希望する飼い主さんもいます。そうした希望も言っていただいて構いません。

費用面ではなく、「ストレスがかかってかわいそうだから」「麻酔はかけたくない」などの理由もあるでしょう。飼い主さんのそれぞれの考え方なので、きちんと伝えましょう。

例えば、「とても一生懸命に診ていただいて、うれしいのですが、病院に連れてくるだけで2、3日食欲が落ちてしまうんです。とても神経質なので、検査もこの子の体力にあわせて少しずつやっていきたいと思うのですが、ダメでしょうか?」と言えば、意図が伝わり、なるべく飼い主さんの希望に沿った方法で行なうように努力します。

獣医師がおそれるのは、検査をしなかったために発見・診断が遅れたとき、こちらの責任にされることです。「先生、あのときどうして教えてくれなかったの!」と言われないためにも、考えうる検査はやっておきたいという気持ちになるので、「先生のお気持ちはありがたいですけど、今は検査はやめておきます」と言えば問題ありません。

質問17 老化

高齢で足腰も弱り、ワクチンも打たなくていいと言われました。もう病院に行かなくていい？

高齢動物ほど
動物病院に連れてきてほしいです。
穏やかに生活できるために
ゆっくりと老化できるよう
プロとしてアドバイスできることが
たくさんあります。

例えば中型〜大型犬なら、最後の最後まで歩かせてほしいので、「暑くなければ毎日5〜10分は必ず歩かせてください」とアドバイスします。「痛そうだから、もう散歩には行かない」と、やめてしまうかたが、あまりにも多いです。

犬は歩かないとどんどん筋力が落ちて、立てなくなってしまいます。おしめをしてもおしっこをしてくれないので、無理やり立たせて、崩れそうになるのを支えて連れていき、やっとおしっこをさせる。それで腰を痛めてしまう犬は少なくありません。内臓は元気で食欲もあるのに、歩けない、立てないという理由で、介護生活となってしまうのです。

動物が慢性的に感じている苦痛を緩和する方法も獣医師に相談してほしいですね。高齢になると、大きな病気はないけれど、関節が痛んだり、歯の具合が悪いなどが出てきます。痛みはあるのか、どのくらいの不快感なのか、私たちプロに聞いてください。痛がっていることに気づいていない方がけっこういます。

また、飼い主さんに「関節に痛みがあるようですね」と症状を伝えると、必死にインターネットでクッションやマットを調べて、何万円もするような商品を買う方もいますが、その前に相談してほしい。どういう物がいいのか、何をどこまでケアするのがいいのか、アドバイスできます。

よく世間では「7歳以上がシニア」と言いますが、私たち獣医師は年齢だけで「老犬・老猫」ととらえることはしません。7歳なんてピンピンしている犬がほとんどですし、猫なんて20歳までどんどん生きている時代です。今までできていたことができなくなったり、老犬特有の脚の震えが出たり、老化現象が現れてきたときに「老犬・老猫」ととらえます。年齢だけで決めつけないようにしてくださいね。

質問18
老化

入院させずに自宅で看病したいのですが入院を勧めてくれた先生に悪い気もします。

自宅での看病を選ぶのも
立派な選択です。
飼い主さんが孤独な状態にならないように
獣医師に看病や介護の仕方を
聞いてください。
そのために、私たちがいるのですから。

自宅で看病したい、最後は自宅で看取りたいと思っている飼い主さんのなかには、「病院の収入にならないから」「先生が気を悪くするのではないか」と遠慮して、病院に来なくなる方がいます。

以前、「3日間くらい入院して点滴をするとラクになるから、一度入院して、その後自宅で看病するという選択肢もありますよ。どうしますか？」というこちらの説明に対して、「いや、いいです」と帰っていき、その後、動物が亡くなってからしばらくして、「先生が入院を勧めてくれたのに、私が断っちゃったから、先生怒ってるんじゃないかなと思って連絡できませんでした」という方がいました。

怒るなんてことはありません。何も連絡がないと「どうなっているかな」と気にしています。入院についても「入院するのがいい」と勧めたのではなく、医師として入院という選択肢を提示したまでなのですが、うまく伝えられなかったのでしょうか。こうした状況のときは飼い主さんも敏感になっているので、特に言葉を選んで話すようにしているのですが……。

私は、入院させて延命させるのも、通院で治療するのも、自宅で看病するのも、それぞれ立派な選択だと思っています。あえて何もしない、というのも、愛情の一つでしょう。飼い主さんの選択をリスペクトするし、ヘルプもしたい。でも、飼い主さんが遠慮して何も言わずに来なくなると、自宅での看病・介護の仕方を伝えることができません。

その結果、飼い主さんはネットなどでいろいろ調べてやってみるのだけど、うまくいかなくて、また違う方法を調べて……と悪循環に陥る場合があります。そしてどんどん孤独になっていく。そうならないために、獣医師を相談役として、ばんばん使ってほしいと思います。

質問19　老化

痛みが辛そうで安楽死させたほうがいいと家族は言いますが、どうしたらいい？

痛みをやわらげる緩和療法が
ずいぶん発達しています。
通院して注射してもらうものから
自宅で飲ませたり、塗ったり、貼ったり
いろいろなタイプがあり
理学療法や針、漢方など安全な緩和療法もあります。
獣医師に相談してみましょう。

「ペインマネジメント」と呼ばれる分野が、ここ10年くらいでとても発達しました。本当に苦しんでいるときは、安楽死も一つの愛情ですが、その前に、ぜひ緩和療法や自宅でできることを相談させてください。痛みや不快感の程度も、私たち獣医師がしっかりと判定いたします。

安楽死については、様々な意見がありますが、一般に安楽死は、三つの理由に分けられます。

①動物が苦しんでいる。痛みや不快感がある。治らない病がある。あるいは老化現象で生活の質が低下し、これ以上生きるのがみじめであるという、動物の状態から判断して行なうケース。

②動物ではなく、飼い主である人間の都合によるもの。世話をする時間がない、あるいは、物理的にできないなどの理由。例えば、交通事故で複雑骨折をした犬に、何十万円の手術と、その後の長い入院とリハビリ、通院が必要になるが、飼い主にはそんなお金も時間もない。かといって、骨折の修復手術をしなくては元の生活ができない場合、やむを得ず、安楽死を選ぶことがある。

③社会の都合で犬や猫が安楽死させられることがある。せっかく生まれてきても誰も飼ってくれる人がいなく、地方自治体のセンターで殺処分される場合がそれです。特に猫は生まれては捨てられ、全国の殺処分の多くを占めています。

獣医師を含め、誰も最初から安楽死をさせたいとは思いません。ただ、動物の理由、人間の理由、あるいは社会の理由により、安楽死が選ばれることがあるのが現実です。ペットの飼い主であるならば、いつか、動物が治らない病で苦しんでいる場合、あるいは、自分にお金がなくなった場合などを想定して、自分ならどうするか、考えておいてください。

質問20
転院

引っ越して病院を変わることに。新しい先生にはどんなことを伝えればいい？

病院を変わる
変わらないに関わらず
検査の結果や薬の記録は
できるだけ自分で持っておきましょう。
救急病院を受診したり
旅行先で具合が悪くなったときに
役立ちます。

前の先生が「新しい病院が決まったら教えて。直接カルテを先方に送っておくから」と言ってくれる場合もあります。

ただ、飼い主さんには、自分でも検査結果や薬の記録を持っておき、獣医師に伝えられるようにしておいてほしいです。これは、病院を変わらない場合も同じです。

例えば、夜間に救急病院に行かなければいけなくなったとき。旅行に連れていったら、旅先で具合が悪くなって、現地の病院に行くしかないとき。子どもが犬の薬を誤って飲んでしまったとき。自分の手元にデータがあれば、診察時に困らずに済みます。

薬については「かゆみ止め」「化膿止め」としか書かない獣医師もいるのですが、それだけでは、違う獣医師のところに行ったとき、病歴がわかりません。「薬の名前を教えてください」「1錠あたり、何ミリグラムなんですか？」と、飼い主さん側からどんどん聞いてください。最近では「これはジェネリックですか？」と聞いてくる人もいます。よく勉強しているなあと感心します。

特に、複数の病院を受診している人にはデータの管理を頑張ってもらいたいですね。先生によって得意分野も違いますし、病院を使い分けること自体は、私はいいことだと思っていますが、どうしても診療記録を共有できないのが難点ですので。

いつ、どの病院で、どんな検査をしたか。何の治療をして、薬は何を飲んだか。血液検査などの結果は病院から紙で渡されたものをまとめておき、治療内容や薬の履歴は、自分でメモを作っておくといいと思います。

質問21　転院

今の病院と合わないので、転院を考えています。「カルテのコピーをください」と言っていいの？

「カルテがほしい」と言われると獣医師はつい身構えてしまいます。

「過去の検査や治療の情報をください」と頼むのがスムーズです。

カルテは裁判が起きたときに備えて飼い主とのやり取りもすべて記録しているもの。

また、医療情報は秘密を守る義務もあります。

私たち獣医師がカルテに記録するのは、処方した薬や病名などの、単純な医療記録だけではありません。

カルテというのは、診療内容のすべてを記録するよう法律で義務づけられていて、その中には「何月何日、◯◯の治療を勧めたけれど、断られた」とか、「何月何日、旦那さんがやって来て、こんな薬はいらないと言われた」とか（笑）、診察室での飼い主さんとの詳細なやり取りの記録も含まれます。

この記録を残しておくのは、万が一裁判が起きて、「そんな治療は勧められなかった」という争いになったときにこちらの身を守るため。ですから「カルテをください」と言われると、飼い主さんの側に悪気がなくても「裁判を起こされるんじゃないか」と、つい身構えてしまいますし、正直なところ、飼い主さんにはあまり見られたくない記述もあります。

一方で、カルテをもらうのは飼い主としての権利でもあり、「ほしい」と言うのを獣医師が断るのは違法です。

電子カルテを採用しているアメリカでは、もともと「医療記録」と「飼い主とのコミュニケーション」を書き込む欄が分かれていて、要望があった場合は「医療記録」の部分だけを飼い主に渡しています。日本の場合、カルテの受け渡しは、まだ日常的ではありません。

転院のためであれば、飼い主さんにとって必要なのは検査、治療といった医療記録です。「カルテのコピー」ではなく、「過去のデータをください」と頼むのが、変な誤解も招かず、スムーズだと思います。薬の処方歴、血液検査の結果、レントゲンなどの画像と、その結果を書いたものを用意してもらいましょう。

質問22 セカンドオピニオン

セカンドオピニオンを取ると、今の先生が気を悪くしないか心配。内緒でやってもいい？

セカンドオピニオンは
飼い主として当然の権利ですから
後ろめたく思う必要はありません。
堂々と告げてください。
その後、元の病院に戻るときは
どんな診察を受けたか
簡単な報告をするといいですね。

獣医師によって治療法はそれぞれ。かかりつけ医が勧めた以外の治療法を知りたいと思うのは飼い主にとって当然の権利ですし、獣医師がそれを止めたり、いやがったりするのは違法です。

アメリカの飼い主は、堂々とセカンドオピニオンを主張しますが、日本の飼い主さんはどうしても遠慮してしまうようですね。「先生には親身になっていただいて、ありがたいと思うのですが」と前置きしたうえで、「他にどんな治療法があるか知りたいので、セカンドオピニオンを取りたいのですが」と、理由をちゃんと添えれば、獣医師も悪い気持ちにはならないと思います。

「先生に悪い」と思うあまり、黙って転院されて、急にパッタリ来なくなると、かえって気を揉んでしまいます。何か失礼なことをしてしまったかなと悩んだり、飼い主さんに何かあったんじゃないかと心配になったり。セカンドオピニオンは遠慮することでも、後ろめたく思うことでもありませんから、隠さず、獣医師に話してください。

セカンドオピニオンを受けたうえで、前の先生でよかったなと思ったら、「先日はお手数をおかけしました。今まで通り、先生のところで治療を受けたいので、よろしくお願いします」と言って、元の病院に戻りましょう。そして、どんな治療を勧められたか、薬は何を処方されたか、結果報告をもらえると嬉しいです。「ご興味ないかもしれませんが、よろしかったらご覧ください」と、簡単なメモ書きでもいいので渡してもらえると、獣医師にとっては勉強になります。もし、セカンドオピニオンを聞きにいくと告げた段階で、憤慨したり、感情的になる獣医師がいたら、その人は人間として未熟。転院したほうが今後のためでしょう。

Silly Question

英語に、Silly Questionという言葉がある。日本語で言う、いわゆる「愚問」である。

日常的によく使われる単語で、「あの、Silly Question なんだけど、聞いていいかしら」と、質問の前に聞いたりする。誰かに変な質問をされたら、「それはSilly Question だね、え〜とね」と続けることもある。

Silly Question というのは、理解能力とは別に、「そんなこと聞かれましても……」と、答えに困ってしまうような質問だ。例えば、「私お腹すいた。何食べたらいいと思う?」といったタイプの質問である。

動物病院で獣医師をしていると、飼い主さんからの、Silly Question とよく遭遇する。もちろん、本人は真剣に答えを求めているので、できるだけ親身になり、答えを考えるようにしている。だが、やはり、答えられない質問が多々ある。ここでは、よくあるSilly Question をこっそり紹介したい。診察室、「あるある」である。

「うちの犬、具合が悪いかもしれないのですが、連れていったほうがいいでしょうか?」

動物病院に電話をしてきて、この質問をする方がいる。けっこう多い。診察予約を取りたいのではなく、本当に、自分の犬が診察治療が必要なのか、必要じゃないのか、まず、電話で「診断」してほしいのだ。「3回吐いた。ちょっと元気ない。でもぐったりはしていない。食欲はありそうだけど、いつもほどではない。でも、また吐くと怖いから、朝食はあまりあげていない」と、延々説明が続く。

いくら獣医師でも、直接動物を診て、触って診察して、場合によっては検査しなくては、状態はわからない。なので、「念のため連れてきてください」と言うと、「たいしたことなかったら、連れていきたくないので、連れていくべきかどうか、教えてください」なのだ。しかし残念ながら私の答えは、「連れてきたほうが、いいかどうかは、実際に連れてきていただき、診察・検査したあとで判明します。そのときに初めて、『ああ、連れてきてよかったですね』か、『連れてこなくても大丈夫でしたね』と答えられます」なのだ。

まあでも、飼い主さんの気持ちはわかる。連れていく必要がないような状態ならば、病院に連れていくというストレスを、極力与えたくない。でも、犬や猫の症状を、延々と電話で話されても、実際の動物を診ない限り、本当に何とも言えないのである。動物を触らないで診断できたら、どんな素敵だろうと思うのだが、私にはそんなサイキック能力はない。

「今日連れていくべきですか。それとも明日まで待っても大丈夫でしょうか？」

これも多い電話質問である。飼い主さんが電話で真剣に訴えてくる。

「犬が下痢をしている。けっこうひどい下痢だ。なので診察をお願いしたい。ただ、今日は仕事で、連れていくのが大変である。でも、明日は重要な会議があるので、連れていくのがさらに大変になる。明日まで待って大丈夫だろうか。けっこう元気だし、ひょっとしたら、明日になったら、少しよくなって、連れていかなくてもいいかもしれない。でも、明日まで待たないほうがいいのならば、無理して今日中に連れていきたい。どっちがいいか」という飼い主さんからの質問だ。

犬の状況やお勤めの会社のお仕事など、いろいろとあるのでしょうが、今日にするか、明日にするかは、どうかご自分で決めていただきたい。明日まで待って犬が大丈夫かどうか、残念ながら、電話で聞いただけでは答えられない。今日でも明日でも、連れてきたら、しっかりと診察します。そのあとで、今日連れてきたほうがよかったのか、明日まで待って大丈夫だったか、お伝えすることはできるのですが。

犬を診なくては何とも言えません……と

しか言いようがない。

「ちょっと」

去勢後、1週間の犬。患部を気にして、舐めているという電話。そして、ちょっとだけ傷口が開いているという。

私「開いているのは、どのくらいの大きさですか？」
飼い主「ちょっとなんですが」
私「何センチくらいでしょうか？」
飼い主「う〜ん、何センチくらいだろう、けっこう、ちょっとなんですが」
私「とにかく、診せていただけますか？ 連れてこられますか？」
飼い主「ちょっとだけなので、このままちょっと様子を見ていいなら、連れていきたくないのですが。大丈夫ですか？ おかしいことに、ならないですかね？」
私、「ちょっとそれは、わからないですね。ちょっと何とも言えないですね。ちょっと連れてきていただけませんかね」

何度も言う。「ちょっとだけ開いている」だけじゃ、わからないのだ。お願いだから、ちょっとでいいから、診せて、触らせてください！

「主人と子どもが反対で」

不妊手術を勧めた。リスクの話もした。毎回犬を連れてくる、ご婦人の飼い主さんは、なるべく早く不妊手術をしたいと思っているらしい。

飼い主「でも先生、主人が大反対なんですよ。それに、娘が、とてもかわいがっていて、やっぱりかわいそうだって言うんです」

私「では、日を改めて、ご主人と娘さんに、こちらに来ていただけませんか？　詳しくご説明しますが」

飼い主「夫は仕事かゴルフなんで、ここには来られないでしょうし、たとえ時間があっても、ここに来るような人じゃないんです。まあ、出不精というか。娘は今年になって、バレーボールの部活が忙しくって、朝練、遅練で、まあまあ忙しい忙しい」

私「では、ここに詳しく説明したパンフレットがありますから、よく読んでくださるように、ご主人と娘さんに渡してくださいますか？」

飼い主「いや先生、こういうのを読むような人じゃないんですよ。私の言うことも、聞いているのか、聞いていないのか、返事もしないことが多いですし」

私「ではとにかく、家族でよく話し合って、手術をするかしないか、結論を出してください」

飼い主「話し合ってなんかくれないんですよ。主人も子どもも。で、先生、手術しなかったら、いろんな病気になるんですよね。やっぱり手術しないと駄目ですよね……」

私「〇〇さん（飼い主であるご婦人）の一存で手術してしまうことはできないんですか？」

飼い主「それもできないんですよ。皆の犬なので。どうしましょう。先生、どうしましょう。私は絶対したいんですよ、やっぱり……」

選択は、する、しないの二つだけ。もう長い時間話した。詳しく説明もした。どうするかの最終決定は、どうかそちらの家庭内で穏便に決定していただきたい。どうしたらいいのでしょうと聞かれましても、困るのですが。

第2章

診察室での会話のトレンド

早いもので、獣医師免許を手にしてから、30年の年月が流れた。30年間、診察室の中で、飼い主さんと、いろんな話をしてきた。たくさん質問を受け、たくさん答えてきた。私もたくさんの質問をし、たくさんの答えをいただいた。それは動物のこともあれば、生活のことも、人生や個人の考え方にいたることまで、様々だ。私からする質問も、いろいろだ。

「いつから食欲がないのか。通常は何を食べているのか。いつもは何味が好きか？」

「何となくよく水を飲むようになったのはいつからか。昔からよくお腹をこわすことはなかったか。過去にハチに刺されたことはあるか。以前輸血を受けたことはあるか？」

「2時間に1回は立たせて、姿勢を変えなくてはならないが、ご自分か家族が付き添えるか？」

「この子は糖尿病なので、毎日、この注射器でインシュリンを打ってほしい。あなたのご主人が、ドラッグの公正プログラム中で注射器の携帯が禁止だということだが、もう少し説明してもらえないか？」

「今は払えないけど、あとで払うということ。では毎月、いくらなら、払えるのか？」

「ご主人は安楽死を希望。あなたは最後まで自宅看病を希望。自宅看病なら、自宅に酸素室をつくらないと、非常に苦しむことになる。あなたはそのための400ドルが払えないと言う。今酸素を外して退院させるのは、自宅に酸素室がない限り、私は反対。意見が食い違うので、もっと詰めて話し合いたい」

時に一緒に笑い、時に叱られ、時に感謝され、時に苦情を言われた。一緒に涙した人生相談もあった。飼い主さんが亡くなるという辛い別れもあった。でも多くは、一緒に笑い、いい関係を築いてきた。

私は日本とアメリカの獣医師免許を持ち、両方の国の動物病院で仕事をしてきた。「アメリカ人か日本人かによって、診療の仕方も、され方も違うでしょうね」とよく聞かれる。「仏教文化の日本と、キリスト教文化のアメリカでは、動物に対する考え方が根本的に違うでしょう」とずいぶん多くの方から言われた。だが、診察室の中の会話は、宗教や人種、国籍などのカテゴリー別に分けられるものではないと思っている。いろんな質問があるのは、日本もアメリカも同じである。日本人だから、アメリカ人だからと分類したがるのは、むしろ日本人の方である。共通していることはただ一つ。国籍、年齢、性別、人種、宗教、文化を超えて、飼い主は、自分のペットのことを心配し、そして誰よりも自分のペットを愛しているのだ。

だが、診察室の会話には、その時代のトレンドが表れる。獣医学は過去30年、大きく変わってきたし、発展してきた。時代も大きく変わった。振り返ってみると、そのとき、その時代で、獣医師も飼い主も、ペットのためにお互い必死だったのだと思う。

1980年代

日本では、犬は、屋外で犬小屋にくさりという飼い方が主流だったのが、欧米風に室内で飼うのが流行りだした時代。

「先生、この病院は雑種も連れてきていいのですか？」（日本）

「新しく子犬をもらってきたら、次の日からゲーゲー吐き続けている。先住の犬も一緒になって吐き出した。寄生虫ですかね？」（日本、アメリカ）

今のようにワクチンが普及していなかったため、パルボ性腸炎や、ジステンパー脳炎で死亡する犬が多かった。猫のパルボ性腸炎も多発していた。極度の脱水で、吐くものが何もないのに、おなかを絞るように叫びながら嘔吐する猫。イチゴジャムのような真っ赤な血便を噴射するように出して倒れる犬。多くの命が、予防できる伝染病で苦しみながら失われていった当時の辛い思い出は、私が今でも、診察室でワクチンを「打ち過ぎず、でも決しておろそかにしない」ということを強調する原動力となっている。

１９９０年代

「先生また産まれちゃったんです。袋に入っていますから、殺してもらえますか？」（日本、アメリカ）

「また子猫を5匹も産んじゃったんですよ。でもすぐに海に捨ててきました。先生、目が開く前に捨てたら成仏できるって本当ですか？」（日本）

当時の保健所、アニマルシェルターといった行政管轄の動物収容施設で殺処分される命は、日本もアメリカも今の数倍から10倍以上であったと言われている。日本人は安楽死をさせない国民だと多くの人が言うが、この当時は違っていた。普通の日本人が、生まれてしまった子犬、子猫を殺すために、当たり前のように、保健所や動物病院に持参していた。

飼ってくれる人がいないのに生まれてしまう不幸な命を減らそうと、不妊去勢手術を広めるように、獣医師も、行政も、関係者が皆必死になって啓蒙活動をし、毎日一生懸命手術をした。

「手術？　犬猫に、そんな手術代、払えないわ。安くできないの？」
（日本、アメリカ）

「病気でもない健康な動物なのに、どうしてメスを体に入れて切らなくてはいけないの？」（日本）

「発情、性交は自然なこと。なぜ不自然なことをするの？」（日本、アメリカ）

「予約した日に犬を連れていって、手術してもらい、１泊して翌日退院？　２日も続けて仕事を休む時間はないわ。受付で待って

いる間にできないの？」（アメリカ）

不妊去勢手術が普及していなかったこの時代は、手術していたら予防、あるいは減少できたという病気が、まだまだたくさん見られた。

飼い主「ずっと嘔吐して、水を多量に飲んで、ぐったりしています」

私「1カ月前くらいに発情があり、今、膣からオリモノが出ていませんか？」

飼い主「先生、今私が言おうとしたこと、何でわかるのですか？」

（日本、アメリカ）

その頃、水を多量に飲む、と言って来院するケースは、ほぼ皆、子宮蓄膿症だった。今なら糖尿病、クッシング病、腎臓病、肝臓病……。様々なケースが考えられるが。

当時、アメリカでは、専門医が誕生し、症例によっては、専門医に紹介して、そこで治療を行なうという分業制が発達した。獣医学がより発展し、高度医療が進んだ時代だった。

「ラボ（lab）検査？　うちの犬がラブラドール（lab）だから？」（まじめなアメリカ人）

「獣医眼科専門医？　目だけ診る獣医なの？」「外科専門医？　獣医で？　冗談でしょ？」（アメリカ）

「わざわざ専門医に連れていくなら、治さなくていいです。ここで、

できる範囲の治療をしてくださいませんか？」（日本、アメリカ）

アメリカでも専門医が増え始め、紹介診療が普及し始めた頃は、「専門医のところまで行って治療したくない、何もそこまでしたくない」という意見の人が大多数だった。しかし、医療が高度化するにつれて、診断、治療技術も進化し、それらの高いレベルの診療をいち獣医師が全部行なうことは、不可能になってきた。始めは、専門医への紹介がスムーズにいかなかったり、検査が重複したりなどの問題もあったが、医療が分業するのは時代の流れであった。

医療が進化し、治療オプションが増えると同時に、「どこまでやるか？」「この子にはそれが本当に必要か？」という疑問を抱く飼い主さんも出てきた。高度医療を行なう意味、リスク、動物へのストレス、飼い主の経済的負担を総合的に理解して、話し合わなくてはならなくなった。

今の日本は、ちょうどこの時代のアメリカみたいだと感じることが多々ある。すべての分業制度がすばらしいとは思わないが、どんどん高度になり、発展する獣医学に、すべて自分の病院でまかなうのは、無理になってきている。技術、知識、設備、すべてに関して、分業をしなくては十分な治療ができなくなってきている。

２０００年代

「不妊去勢手術したほうがいいのは、頭では理解できます。ただ、やはり外科手術や麻酔のリスクがわずかでもある限り、私にはか

わいそうでできません」（日本）

「私も娘も賛成です。でも主人だけがどうしても、絶対に去勢はいやだと反対して」（日本）

この時代の日本は、まだ不妊去勢手術の敷居が高く、外科手術のリスクに対する恐怖のために踏みきれない飼い主が多く見られた。また、家族の中で意見が分かれるというのも、珍しくなかった。３０００匹に1匹の確率で、麻酔による死亡例はどうしても起こってしまう。

それでも私たち獣医師が勧めるのは、不妊去勢手術をせず、病気になり苦しんだり、死亡したりする動物をたくさん見て、心を痛めてきたからに他ならない。もし手術をしなかったら、子宮蓄膿症発生率が35%。乳腺腫瘍発生率が26%。オスもメスも、他にも多くの疾病予防ができることがわかっている。

「はい、手術するのはかわいそうです。残念ながらリスクもあります。でも、しないほうがもっとかわいそうです。予防できる病気になるリスクがもっともっと高くなります」

このフレーズ、何百回、何千回と診察室で繰り返したものだ。お陰で、今では不妊去勢手術はワクチンのようにごく普通に受け入れられ、そのため殺処分数も劇的に減ってきている。子宮蓄膿症や乳腺腫瘍といった病気は激減し、犬、猫の死因のトップから消え、今では過去の病気になりつつある。予防できる病気で死亡する症例がある限り、その国は、その地域は、動物にとってまだまだ発展途上地域であると、まず獣医師が認識するべきであろう。

「拾って、哺乳して育てています。ひどい下痢を治してくれませんか」（日本、アメリカ）

「シェルターで殺処分される寸前のところで、引き取ってきました。何歳ですか？　健康ですか？　飼ってくれる飼い主を探します」（日本、アメリカ）

「保護犬です。老犬です。愛護団体ですから、検査費用も、治療費も、入院費もありません。でも苦しんでいます。少しでもラクにさせてあげたいです。なんとか治療してくれませんか？」（日本、アメリカ）

当時増えてきたのが、動物保護活動をする人たちである。日本にもアメリカにも、もともと飼い主のいないノラ猫、捨て犬を保護して、新しい飼い主を探すという人はいた。だが次第にまずアメリカで動物保護団体が増え、そして日本でも、現在に至るまで保護活動家が増えてきている。自宅で一人で活動している人もいれば、家族で数匹の動物を保護している人、動物愛護団体をつくり、募金を募って行なっている人もいる。大きな愛護団体にボランティアとして参加、お手伝いをしている人もいる。皆、思いは同じ。飼い主のいない犬、猫に、新しい飼い主を見つけるための橋渡しをしているのだ。

これらの「保護動物」のお陰で、私たち獣医師は、新しい医療分野をつくらなくてはならなくなった。もともと獣医大では、飼い主から聞き取る詳細な病歴や主訴（いつから具合が悪くなったのか、食欲はあるかなど）に基づき、検査を選び、診断治療をするように教えられる。

ところが、保護動物たちは、ノラだったり、さっき保健所からやってきたばかりの動物たちである。年齢もわからない。今までどんな状況で飼われていたかも、以前の病歴も既往症も、まったくわからない動物たちなのだ。どこでどんな伝染病にかかっているか、どんなウイルスを保持しているか、どのワクチンを過去に打ってもらったのか、何もわからない。しかも、一般の飼い主のように、「あら高い検査ね。でも心配だから、お願いします」というわけにはいかない。

愛護団体の人たちは、一匹でも多くの命を救うために、金銭も時間も限られた中でがんばっている。それゆえ、シェルターメディシンという、新しい医療分野ができた。「飼い主のいない動物」を診療する医学である。年齢やブリード（犬種）の見分け方から、早期不妊去勢手術、特に哺乳子猫の疾患や、老犬、老猫のホームケアと末期医療の家庭介護も、お金をかけずに、でも十分な福祉レベルを維持しながら行なわなくてはならない。

動物虐待や、ネグレクトを受けていた犬猫もいる。虐待を科学的に解析し、獣医学と法律が連携する学問、獣医法医学も生まれた。ノミや消化管寄生虫、伝染病の管理や予防、さらに譲渡会で、より「譲渡されやすい」犬猫にするためのしつけやトレーニング、マナーまで、幅広い知識が必要なのがシェルターメディシンだ。

「捕獲器で捕まえた猫です。オスかメスかもわかりませんが去勢してください。腕も腫れてますので、治療してください。あ、人に慣れてないですよ。噛み付きますよ。できますか？」（日本、アメリカ）

まずアメリカが、そして日本で、「地域猫活動」が普及し、発展したのも2000年以降である。外で放し飼いされている飼い主のいないノラ猫を駆除して殺処分するのではなく、地域住民の理解を得たうえで共存させるのが、地域猫活動だ。

地域猫として生きるためには、不妊去勢手術をして、これ以上繁殖しないようにしなくてはならない。そのとき、手術済みの証拠として、耳の先を少しだけカットする。日本では「さくら耳」と呼ばれている。世話をする人は、毎日ちゃんと猫に給餌し、糞やし尿の始末など、地域を衛生的に保ち、また地域住民の理解を得るよう、コミニュケーションをはかる義務がある。外飼いの猫は、人にあまり慣れていないので、捕獲器に餌をしかけて捕まえる。そのまま動物病院に連れてきてもらい、麻酔をかけて、不妊去勢手術をする。ケガや病気がある場合は、一緒に治療する。

「この薬を1日2回、飲ませてください」と言っても、外飼いの猫は薬の時間に、世話人のところに来てはくれない。目薬や外用薬も出せない。なので、治療法も通常の猫とは大きく異なってくる。多くの外猫は、けんかによる創傷や鼻炎や結膜炎があり、エイズウイルスなどのキャリアも多く、健康状態、栄養状態も家の中の猫より劣る。メスの多くは妊娠しているか、授乳中である。

捕獲し、不妊去勢手術をし、地域に戻すという、Trap-Neuter-ReturnをＴＮＲと呼び、今ではその運動が日本中に広まってきている。アメリカでもＴＮＲは広く普及しているが、猫による貴重な野鳥の捕獲や自然破壊の観点から、ノラ猫のＴＮＲに反対する立場の専門家も多い。また、やはり外猫は、恵まれた環境での生活ではないので、交通事故に遭ったり疾病に罹患したりすることが多く、動物福祉の観点から反対する人もいる。野生動物保護や環境問題、動物福祉も含めて総合的に判断しなくてはならない。今では、地域猫対策は、餌をやる世話人と獣医師がよく話し合って決定、実行するプロジェクトになっている。

「お恥ずかしいのですが、今私は、休職中。50代の私を雇ってくれるところは、そうそうありません。妻はパートに出ています。この子が具合悪いのはわかるのですが、お金がありません。本当に今、貯金を崩して生活しています。犬の治療は入院もなく、高い検査もなく、何か薬だけで、自宅でできませんか？」（アメリカ）

リーマン・ショックのときは、多くの業種の方が仕事を失った。そんなときでも犬や猫は病気になる。

今まで大切にかわいがっていたペットの具合が悪くても、お金がないので、すぐに連れてこられない。様子を見ていたけれど悪化し、来院したときはすでにかなり衰弱し、病気が進行しているという悪循環。それゆえ、入院や精密検査、長期治療が必要になる。重症の犬、猫を前に、金銭的に厳しい飼い主さんの苦悩を目の前にし、診断治療をしなくてはならない。飼い主にとっても、獣医師にとっても、大変な時期であった。

話を聞いて、診察室で涙することも多々あった。

「わかりました。とりあえず、ココちゃんを病院で預かり、治療をします。治療費は、いつかお金ができたときでよろしいですから」

そう言ったこともあったが、すべての飼い主さんにそれをしたら、私の病院は倒産してしまう。こういうときは、病院の経営者という組織の人間としての自分が試されていると感じた。

人間として、獣医師として、一人の社会人として、地域の人たちのいちメンバーとして、自分がどうあるべきか、自分の病院が地域社会の中で、どうあるべきかを考え、悩んだものだ。

2010年〜現在

「え？　のうひしょう（膿皮症）？　どういう字を書くのですか？

今インスタにアップするので」（日本）

「腎盂腎炎（pyelonephritis）？　どういうスペルですか？　あとでフェイスブックにアップするので」（アメリカ）

今日の動物病院の待合室や診察室に、雑誌はほぼ必要なくなった。飼い主さんは待っている間、ご自分のスマートフォンやiPadを触り、それぞれ静かに待っていてくださる。雑誌はなくてもWi-Fiは飛ばしている、という病院のほうが多くなったかもしれない。

その代わり、診察室でも、スマホを片手に持ちながら、私の話を聞く人が増えた。そして、スペルや漢字の質問が増えた。極端な場合は、私が話していると同時に何やら親指で打ち込み、診察室からの実況中継を世界中に発信している人まで出てきた。

「血尿にはクランベリージュースがいいと書かれていたので、猫に飲ませていたのですが、駄目でしたか？」（アメリカ）

「酢を飲ませるといいと書かれていたので、飲ませてみたのですが、そのあと吐いてしまって」（日本）

インターネットの普及と同時に、誰もが気軽に検索し、さらにそこから得た知識を実行する人も増えた。しかし、残念なことに、その情報の多くはためにならないばかりか、逆に実行すると害になるものさえある。

英語に、「Dr. Google が言った」という表現がある。Dr. Google という獣医師は、実際にはどこにも存在しないが、インターネットで得た情報を信じていたり、実行したりすることをそう表現するのだ。そういう意味で、私たち獣医師にとって、Dr. Google はすごくでたらめなことを言う、悪いドクターなのだ。実際、カルテには、「Dr. Google の指示でクランベリージュースを飲ませたが、改善なし」「Dr. Google の指示で酢を飲ませた結果、嘔吐」と記載する。

もし本当に民間療法で効果があるならば、私たち獣医師も勧める。効果があると医学的、科学的に認められた治療法を、私たちは副作用も考慮し、よく勉強したうえで選ぶのである。そしてそれをわかりやすく説明し、話し合ったうえで治療計画を立てる。それが臨床獣医師の仕事、任務である。

「Dr. Google の後始末」という言葉もある。インターネット情報を試して、結局悪化して、それから動物病院で治療をするケースである。Dr.Google は、残念ながら、血尿だからクランベリージュースを、癌だから酢を、というマニュアル化した治療法しか教えてくれない。しかもそれが科学的エビデンスに基づいている保証はない。

私たち獣医師は、決してマニュアル方式で診断・治療を行なっているのではない。動物の年齢、ブリード、体力、過去の病歴、飼い主さんの経済状態、考え方、治療に費やせる時間と技術などを総合的に考えている。検査や治療も一つとは限らない。オプションを複数提示し、飼い主と獣医師が話し合って決めて行なうのが臨床だ。

どんなときでも、私はDr. Googleには負けない自信がある。しっかりとこの目で見て、動物に触り、聴き、嗅ぎ、そして飼い主さんと実際に話し合って、意見交換するのだから。そうして選んだ検査方法、診断、治療方法は、Dr. Googleのマニュアル化した指示よりずっと優れているはずだ。私がこの一匹の動物のために特別につくった、世界に一つだけのカスタマイズした治療計画なのだから。

「家を売って、娘の住むコロラドに引っ越すことになりました。犬が気をつけることは何でしょうか」（アメリカ）

「施設に入ることになりました。そこでは猫は飼えなくって。先生、誰か13歳の猫を飼ってくれる人、知りませんか？」（日本）

高齢化社会の問題も、動物病院に押し寄せてきている。ひと昔前と比べても、飼い主さんの平均年齢は確実に上がってきたと感じている。シニアの方は、ペットをとてもかわいがり、いつも一緒に生活する優良な飼い主であることが多いのだが、残念なことに自分のペットよりも先に亡くなられたり、健康上の理由でペットを手放すケースが多いのも事実である。

昔は、飼い主亡きあと家族や親族がペットを引きとって最後まで面倒を見たものだが、住宅事情や核家族化が進んだことから、現在は、そのようなペットが行き場を失い、動物愛護団体に引き取られたりしている。どこの愛護団体も引き取り依頼が絶えず、満杯状態になっている。

ペットを終生飼育できないのは、高齢の方たちばかりではない。まだ若い飼い主さんが癌などの病気で死亡されたり、離婚や失業で、ペットを飼えなくなる場合もある。「離婚くらいで」「引っ越しで犬を捨てるの?」と思われる方も多いが、診察室で事情を聞いてみると、それぞれの飼い主さんには、自分の力ではどうすることもできない、どうしようもないご事情があることも多い。

また、高齢の飼い主さんは、以前は普通にできていたことが高齢や貧困のために以前のようにできなくなる場合もある。不妊去勢手術も昔はちゃんとしていたのに、今は「やらなくちゃ、と思っていたら、もう子どもを産んじゃって」と言い、あっという間に20匹30匹まで増やしてしまう、という多頭飼育問題も出てきた。

いつの間にか多頭飼育になり、自分で世話ができる限界を超えてしまった状態で、あるとき、飼い主さんが病気、死亡などでいなくなり、複数の犬、猫がいっせいに救出されることがある。「多頭飼育崩壊」と関係者は呼んでおり、近年、各地で発生し、社会問題になっている。

高齢者に限らず、動物愛護活動をしている人、あるいは普通に社会生活をしている社会人にも、多頭飼育者がいる。個人で世話ができる限界をわからなくなるという精神病の場合もあれば、高齢者のように、わかっていてもできない場合、あるいは貧困のためにできない場合など、問題は深い部分に関わっている。人間の福祉問題、貧困問題も含め、社会全体で多方面から予防に努め、多頭飼育崩壊の早期発見と救済ができるシステムが求められる。

獣医師免許を手にしたとき、「臨床獣医師は、生涯、勉強しなくてはならない」と先輩が言った。まさしくその通りで、30年経つ今でも新しいことを学ばない日はない。

時代が変わり、社会が変貌し、経済が変化し、テクノロジーが進化した。だが、動物病院の診察室の中で交わされる会話は変わらない。

「こんにちは」「どうされましたか?」から始まり

獣医師がたくさん質問をする。

そして飼い主さんから、いろいろな質問を受ける。

飼い主さんと、向かい合い、目と目を合わせて、しっかりと話す。

その間《あいだ》に、動物がいる。

私と飼い主の間に、いつも動物がいる。

その動物が、飼い主と獣医師を、橋渡しのようにつないでいる。

どんな時代になっても、どんなに社会が変わっても

永久に変わらないこと。

それは、飼い主も、獣医師も

診察室で会話をしながら、私たち二人の間にいる
動物のために、会話をしているということ。
動物の健康を願い、病気を治したい。
老いや病で苦しむのを緩和させてあげたい。
飼い主も、私も、同じ気持ち、同じ願い、同じゴールなのだ。
診察室では、獣医師に心を開いて話してほしい。
すべてを伝えてほしい。
獣医師に遠慮しないで、たくさんの質問をしてほしい。
飼い主と獣医師の心がそうやってつながり、絆が芽生えることを
あなたの動物も願っているに違いない。

西山ゆう子

にしやま・ゆうこ

獣医師、保護動物アドバイザー、相模原どうぶつ福祉病院（2017年1月オープン予定）役員。

1984年、北海道大学獣医学部獣医学科卒業。東京と北海道の動物病院に勤務後、1990年にアメリカ・ロサンゼルスに移住し、アメリカ合衆国獣医師免許を取得。

ウィルシャー・アニマルホスピタル（サンタモニカ市）の勤務医、アイオワ州立獣医大学の客員教授を経て、ビレッジ・ベテリナリーホスピタルを開業。院長として数多くの動物たちの診察・治療にあたる。

2014年、拠点を日本に移し、シェルターコンサルタント、保護動物アドバイザーとして活動。動物虐待、保健所での殺処分問題、多頭飼育崩壊問題などに取り組み、日米で講演を行なっている。

主な著書に、『小さな命を救いたい』(エフエー出版)、『Saying Goodbye Dr.ゆう子の動物診療所』『アメリカ動物診療記』（共に駒草出版)、『アメリカンドリーム』（ジュリアン出版)。翻訳書に『 Dr.トーマスの家庭獣医療相談室』（ペットライフ社)、『犬と猫の臨床皮膚病学』（インターズー）がある。

いい獣医さんに出会いたい！

2016年11月9日　第一版第一刷　発行

著　西山ゆう子

編集　佐藤智砂、那須ゆかり、松村小悠夏

カバー・ブックデザイン　小久保由美

イラスト　佐々木一澄

発行所　ポット出版プラス
150-0001　東京都渋谷区神宮前2-33-18 #303
電話　03-3478-1774
ファックス　03-3402-5558
ウェブサイト　http://www.pot.co.jp/
電子メールアドレス　books@pot.co.jp
郵便振替口座 00110-7-21168　ポット出版

印刷・製本　萩原印刷株式会社

ISBN 978-4-86642-001-1 C2077　

I need to find a good veterinarian
by NISHIYAMA Yuko

Editor: SATO Chisa, NASU Yukari, MATSUMURA Sayuka
Designer: KOKUBO Yumi
Illustrator: SASAKI Kazuto

First published in Tokyo, Japan, Nov. 9, 2016
by Pot Pub. Co., Ltd.
2-33-18-303 Jingumae, Shibuya-ku Tokyo, 150-0001 JAPAN
http://www.pot.co.jp
E-Mail: books@pot.co.jp
Postal transfer: 00110-7-21168
ISBN 978-4-86642-001-1 C2077

本文　オペラホワイトマックス・四六・Y・62kg（0.13）・1/1C
カバー　アラベール・スノーホワイト・菊・Y・76.5kg（0.175）・2/0C［スミ+PANTONE Yellow］・グロスニス
オビ　カバー共刷り
表紙　GAクラフトボード-FS・アース・650×950・Y・14kg・1/0C［PANTONE 450］・グロスニス
使用書体　筑紫A丸ゴシックStd　本明朝新がなPro　こぶりなゴシック　游ゴシック体　DIN Next Rounded Pro　Helvetica Neue LT Pro
組版アプリケーション　IndesignCC2015
2016-0101-2.0